NOTICE

SUR LA

CONSTITUTION GÉOLOGIQUE

ET LES PRINCIPALES RESSOURCES MINÉRALES

DU DÉPARTEMENT DE LA LOIRE,

PAR M. GRUNER,

Ingénieur des Mines.

Extrait de l'Annuaire administratif et statistique de la Loire,
pour 1847.

MONTBRISON,

IMPRIMERIE-LIBRAIRIE DE BERNARD.

1847.

NOTICE

SUR LA

CONSTITUTION GÉOLOGIQUE

ET LES PRINCIPALES RESSOURCES MINÉRALES

du Département de la Loire (1).

Chargé en 1837, par l'administration des mines, d'étudier la composition géologique du sol de notre département, et de réunir tous les matériaux propres à faire connaître ses ressources minérales, je suis aujourd'hui à la veille de publier ce travail. Pour mettre les lecteurs de l'Annuaire en mesure d'apprécier sa nature et son étendue, je vais, sur la demande de M. le Préfet, en exposer le plan et les principaux résultats.

L'ouvrage se compose de deux parties, d'un atlas et d'un volume de texte. L'*Atlas* comprend 1.º la carte géologique générale du département, et une série de coupes, indiquant la succession des terrains, leur puissance et leur position relative; 2.º des cartes spéciales plus détaillées des bassins anthraxifère et houiller de Roanne et de Saint-Étienne; 3.º sur une échelle plus grande une nombreuse série de plans et de coupes qui représentent exclusivement la configuration

(1) Extrait de l'*Annuaire Administratif et Statistique du département de la Loire, pour* 1847.

1847

intérieure de la formation houillère. Le développement particulier donné à la description graphique du bassin houiller de la Loire me paraît pleinement justifié par son importance relative. Quel autre terrain de notre département pourrait en effet lui être comparé sous le rapport de ses ressources minérales?

Le *texte* renferme, dans une première partie, des détails assez nombreux sur la constitution physique du département, sa physionomie générale et la disposition particulière des cours d'eau, des vallées et des chaînes de montagnes. La seconde partie est particulièrement consacrée à l'étude géologique du sol. Chaque terrain est examiné sous un triple point de vue :

1.º sous le rapport purement *géologique*. On signale la nature de ses éléments, son étendue, ses limites, sa direction, son influence sur la configuration générale du sol, ses relations avec les formations voisines, etc.;

2.º Sous le rapport des *produits agricoles*. Quelques détails sont donnés sur la végétation particulière de la formation et le meilleur mode d'amendement minéral;

3.º Au point de vue de ses *ressources minérales*. Ce paragraphe énumère toutes les matières minérales propres au terrain. On indique leur composition, leur emploi dans les arts; on examine la question de l'exploitation sous le rapport industriel, et, dans le cas d'une exploitation déjà active, on fait connaître la disposition et l'importance des travaux.

Enfin, des tableaux statistiques relatifs aux produits des mines et des carrières les plus considérables terminent chacun de ces paragraphes.

Comme appendice, l'ouvrage renfermera divers détails sur le nombre, la consistance et les produits de nos usines métallurgiques.

Après ce court exposé du plan que j'ai poursuivi, je dois citer quelques faits qui feront ressortir mieux encore la nature et l'objet du travail qui va être publié sous les auspices de l'administration départementale.

Rapports entre l'aspect général du sol et sa constitution géologique.

En portant ses regards sur une bonne carte géologique, en parcourant surtout la contrée même, cette carte en main, on ne peut qu'être frappé des rapports nombreux qui paraissent exister entre la configuration des montagnes et des vallées, l'aspect général du sol, la vigueur de la végétation d'une part, la nature intime du terrain, sa structure et sa composition géologique d'autre part.

Ainsi, dans notre département, on distingue, de prime abord, une plaine le long de la Loire, et deux chaînes de montagnes principales; l'une, celle du *Pilas*, entre la Loire et le Rhône, dirigée du sud-ouest au nord-est; l'autre, celle du *Forez*, entre la Loire et l'Allier, orientée à peu près parallèlement au méridien magnétique. Eh bien, ces deux chaînes sont essentiellement *primitives*, et la plaine de la Loire *tertiaire*. Celles-là, formées de roches cristallines dures, celle-ci composée de sables et d'argiles tendres. Les premières, soulevées par un massif granitique central plaqué, sur les deux flancs, de roches schisteuses en couches inclinées; la seconde presque dans sa position originaire, et ses assises sensiblement horizontales.

Ainsi, encore, sous le rapport *agricole*, qui ne connaît, dans la plaine du Forez, la différence entre les terres dites *varennes* et les *chambons*? Or, les premières font partie de la formation tertiaire, et les secondes appartiennent au terrain alluvial dont la fertilité si remarquable est due aux débris des roches volcaniques de la Haute-Loire. Entre ces deux extrêmes on distingue encore, aux environs de Sury et de Montbrison, les terres dites *chaninats*, qui doivent leur fertilité au mélange accidentel de roches calcaires et marneuses ici et là intercalées au milieu des argiles sablonneuses de la plaine; mais, c'est surtout dans l'arrondissement de Roanne que l'on peut apprécier l'influence si remarquable de l'élément calcaire. Que l'on compare, en effet, les gras pâturages, les champs si riches du Charollais aux plateaux si arides de Saint-Sixte et de Saint-Martin-d'Estreaux, et, en général, à toute la partie montagneuse du département. Sans doute l'exposition, la déclivité, la hauteur absolue d'un terrain ont une action très marquée sur sa fertilité, mais la nature minéralogique du sol a une importance bien autrement considérable, et dans l'exemple que je viens de citer, elle est évidente. D'ailleurs, comme nous l'avons déjà dit, la configuration du sol est elle-même subordonnée à sa constitution géologique.

Sur la rive droite du Sornin, dans le Charollais, s'étend un terrain largement ondulé, un sol profond et gras. Sur la rive gauche, des crêtes à pentes raides, un sol rocheux et inégal. Le premier se compose d'assises argilo-calcaires de la formation jurassique; le second est essentiellement porphyrique. Celui-là constitue, avec certaines parties de la plaine tertiaire de Roanne, où abonde aussi le calcaire, les terres dites *fromentales*, celui-ci, l'une des nombreuses variétés des terres appelées *varennes*.

Enfin, car il faut se limiter, si l'on pouvait avoir

encore quelques doutes sur le degré d'influence de la nature minéralogique du sol, que l'on compare les terres porphyriques de Cezay, Saint-Sixte et Allieux, près de Boën, aux terres de la formation schisteuse de Montagny et de Saint-Marcel-sous-Urfé. Les premières sont des *varennes* éminemment maigres et stériles, tout au plus propres à donner, de loin en loin, une chétive récolte de seigle; les secondes, des *beluzes* ou terres argileuses un peu froides que le chaulage améliore notablement, et qui peuvent, selon leur position, être cultivées, soit en prairies, soit en céréales.

Constitution géologique du département de la Loire.

Le département de la Loire est situé sur les confins du plateau central de la France, vaste îlot granitique entouré des formations sédimentaires les plus variées. On doit donc y retrouver ce double assemblage de roches. Effectivement, la chaîne du Forez et toute la partie méridionale du département, depuis le Rhône jusqu'auprès de Néronde, se composent de granites et de roches cristallines micacées, et sur elles s'appuient, plus ou moins directement, tous les terrains sédimentaires plus modernes. Ainsi, au centre même des roches primitives de la Loire, se montrent deux dépressions, l'une au pied du Pilas, et l'autre au nord des montagnes d'Izeron, toutes deux comblées postérieurement par les grès de l'époque carbonifère; ce sont le *bassin houiller de Saint-Etienne et Rive-de-Gier* et celui de *Sainte-Foy-l'Argentière.*

Ainsi encore, aux schistes primordiaux de Panissières et aux granites de la rive gauche du Lignon, succèdent, vers le nord, les membres si

variés du *groupe de transition*, remarquables surtout par les *porphyres* et le *grès anthraxifère*; ils
occupent, le long de la Loire, toute la partie
montagneuse du département, entre les deux
plaines du Forez et de Roanne; à l'ouest du bassin
Roannais, ils constituent en outre les chaînons
subordonnés de la Madelaine, d'Ambierle et de
Saint-Martin-d'Estreaux, et à l'est du même bassin, depuis Regny et Amplepuy jusqu'à la Clayette,
une série de petites crêtes, telles que les hauteurs
de Belmont et de la Botecorde, à la limite commune des départements de la Loire et du Rhône.

Sur les terrains de transition reposent les *formations secondaires* fort incomplètement représen-
tées dans la Loire. On les voit, de Coutouvre à la
Clayette, dans la vallée du Sornin et, sur les bords
de la Loire, entre Briennon et la Tessonne, for-
mer deux étroites bandes que recouvrent presque
aussitôt les dépôts argilo-sablonneux de l'époque
tertiaire. Ce sont les *grès, marnes* et *calcaires du
lias* et le *calcaire grenu jaune* de l'*étage oolitique*.

A la suite de l'étage oolitique survient, dans la
série des terrains, une lacune des plus considérables. Ni les groupes jurassiques supérieurs, ni la
craie, ni les terrains tertiaires inférieurs ne sont
représentés dans la Loire.

Plus tard seulement, de vastes lacs d'eau douce
ont couvert une partie du sol de la France, et
spécialement les rives de la Loire et de l'Allier.

Alors se sont déposés les sables, les argiles et
les calcaires des deux bassins de Feurs et Roanne.
Ainsi semble confirmée la légende populaire qui
voit, dans un âge fort reculé, un lac au lieu et
place de la plaine du Forez. Ce lac, en effet, a jadis existé, mais à une époque qui précéda de beaucoup le séjour de l'homme sur la terre.

Vers la fin de la période tertiaire surgirent, du

sein de la terre, les *basaltes*, ces cônes noirs de la plaine et des granites de Montbrison, masses entièrement étrangères à tout ce qui les entoure, témoins irrécusables de mouvements volcaniques très intenses, aujourd'hui heureusement éteints dans nos paisibles contrées.

Des terres *limoneuses* ont ensuite comblé certains bas-fonds et nivelé d'anciennes dépressions. Le géologue y voit, à tort ou à raison, je ne discute point, des preuves de puissants cours d'eau qui ont ravagé les continents; il les attribue aux flots du déluge et les appelle conséquemment *dépôts diluviens*.

Enfin, à la période actuelle ou historique correspondent les *alluvions*, ces amas de terres, de sables et de gravier que chaque crue renouvelle sur les rives de nos principaux cours d'eau, les *tourbes*, produits encore obscurs d'une végétation aquatique, les *tufs* que déposent journellement sous nos yeux de nombreuses sources plus ou moins chargées de matières minérales, et les *terres végétales*, mélanges confus de roches broyées et de débris végétaux en décomposition.

Le tableau suivant résume la succession des terrains, en partant du plus ancien qui est placé en tête. Ils se divisent en deux classes, en *roches stratifiées*, produits évidents d'une sédimentation aqueuse et en *roches ignées*, lesquelles, semblables aux laves de nos jours, ont surgi du sein de la terre à l'état incandescent et se sont fait jour à travers la croûte solide du globe, tantôt par une série de *cheminées* plus ou moins indépendantes, comme les basaltes, tantôt suivant des fissures ou *fentes* d'une certaine largeur, comme les porphyres.

Géologie.

Terrains anciens.
1. *Gneiss.* Roche sédimentaire. | a) granite schisteux. | b) gneiss et schiste micacé.
2. *granite massif*, roche ignée en filons dans le gneiss.

Terrains de transition. (Terrains de transition proprement dits.)
3. Etage inférieur ou *grauwake.* | a) groupe quarzo-schisteux. | b) groupe calcaréo-schisteux, roche sédimentaire contenant des fossiles.
4. *Porphyre granitoïde*, roche ignée en filons et dômes au milieu de la grauwake.
5. Etage supérieur. c) *grès anthraxifère*, roche sédimentaire contenant plusieurs couches de véritable anthracite.
6. *Porphyre quarzifère*, roche ignée traversant en filons et buttes côniques les terrains anciens et les trois premiers étages des terrains de transition.
7. *Terrain houiller* proprement dit. Terrain stratifié.

Terrains secondaires tous stratifiés.
8. *Lias.* | a) grès du lias. | b) calcaires et marnes du lias.
9. *Oolite inférieure.* Calcaire grenu et grès marneux. Les deux terrains contiennent des débris nombreux de mollusques, même quelques vertèbres de sauriens.

Terrains tertiaires tous stratifiés.
10. *Formation d'eau douce de l'étage moyen.* | argiles, sables et calcaire siliceux.

Roches volcaniques.
11. *Basaltes* en cônes dans le granit et dans les couches tertiaires de la plaine du Forez.

Terrains quaternaires stratifiés.
12. *Dépôts diluviens.* Terres limoneuses des briqueliers.

Terrains historiques stratifiés.
13. *Alluvions.* Graviers et sables, tourbes, tufs, terres végétales.

L'ouvrage dont je suis appelé à rendre compte s'occupe, avons-nous dit, de chaque terrain sous le triple rapport *géologique, agricole* et *industriel*. Ce qui précède suffira, quant aux deux points de vue de la géologie purement rationelle et de la culture des terres; mais arrêtons-nous un peu plus longtemps aux matières premières que chaque terrain fournit à l'industrie et aux arts.

Matières minérales utiles du département de la Loire.

I. TERRAINS PRIMITIFS.

Les terrains primitifs fournissent du *quarz* aux verriers et aux fabricants de briques réfractaires; on le connait sous deux états différents : dans le micaschiste en *rognons épars* que les cultivateurs extraient du sol en minant leurs terres; en *filons puissants* dans tous les membres du terrain primitif.

Un filon très puissant de ce genre est exploité à la Terrasse, au pied du Pilas, et un autre, tout semblable, se montre à Chavanolle, à une lieue au sud-ouest du précédent. Ainsi, encore, le vieux château de Rochetaillée est bâti sur la crête d'une pareille masse.

Dans la chaîne du Forez, j'en ai aussi rencontré de forts puissants qui ne sont point encore utilisés; je citerai le bourg de Gumières, au-dessus de Montbrison, Saint-Julien-la-Vêtre, sur la route de Clermont, le pied occidental du Puy Montoncelle dans la commune d'Arconsat, etc. Autour de Saint-Galmier et de Saint-Héand ils sont de même assez nombreux,

Le terrain de gneiss et le granite contiennent en second lieu de la *baryte sulfatée* que l'on utilise pour le blanc de plomb et dans les verreries. Elle

forme de nombreux filons qui paraissent dépen-
dre du granite éruptif qui a soulevé le gneiss.
Ces filons sont, les uns exclusivement barytiques,
au moins près du jour, les autres plutôt plombeux, mais à gangue de baryte sulfatée.

Je citerai, parmi les plus remarquables de la
première catégorie, celui de *Dizimieu*, petit ha-
meau au sud-est de Rive-de-Gier, et celui de
Chazelles, sur le chemin de Chazelles à Bellegarde;
ce dernier se montre à jour sur plus de deux
mille mètres de développement.

Les filons plombeux, à gangue de baryte sul-
fatée, sont assez nombreux aux environs de Saint-
Galmier et en plusieurs points de la chaîne du
Pilas.

On exploite en troisième lieu le *granite* lui-
même. On obtient de fort belles pierres de taille
dans les carrières de Moingt, Donzy, Cezay, Chan-
gy, Ambierle et La Pacaudière. On en trouverait
également de forts beaux à Saint-Julien-la-Vêtre
et aux Salles dans le canton de Noirétable.

Enfin on pourrait utiliser la *serpentine*, qui paraît en butte isolée, au milieu du granite, aux
environs de Saint-Julien-Molin-Molette.

Quant aux *gîtes métallifères* ils sont peu nombreux dans les terrains primordiaux de la Loire.
Cependant les filons de *galène* ne manqueraient
point, mais ils sont irréguliers, peu suivis, d'une
puissance faible et malheureusement très peu
argentifères. — Quelques-uns furent exploités,
pour plomb ou alquifoux, dans le siècle dernier
et durant la période du système continental, mais
on dut suspendre tous les travaux, lors de la ré-
ouverture de nos marchés aux plombs étrangers.

Les principaux filons de galène sont situés à
Saint-Julien-Molin-Molette, et appartiennent en
majeure partie au département de l'Ardèche. On
en rencontre de semblables dans toutes les par-

ties de la chaîne du Pilas, depuis Givors jusque dans la Haute-Loire : Ainsi, en face de Vienne, non loin du Rhône, aux environs de Condrieux, à Rochetaillée, La Valla, Saint-Genest-Malifaux, Saint-Sauveur, Saint-Féréol, etc. Le massif primitif du Beaujolais, au nord du Gier, en recèle aussi, nous rappelons spécialement ceux de Saint-Galmier déjà cités. Par contre, la chaîne granitique du Forez ne contient, à ma connaissance, aucune trace de plomb. La gangue ordinaire de ces filons de galène, est le quarz et la baryte sulfatée.

Quelques autres métaux se rencontrent encore dans nos terrains primitifs : je citerai l'*antimoine sulfuré* à Valfleury et à Saint-Héand, le *cuivre pyriteux* dans les filons quarzeux de Gumières et de la Terrasse, la *pyrite de fer* à Saint-Romain-lès-Atheux et ailleurs, le *fer hydraté* à Latour et Doizieux, l'or enfin, associé à du quarz, à Saint-Martin-la-Plaine. Du moins l'ouvrage intitulé : *Anciens minéralogistes de France*, fait mention d'une mine d'or qui fut ouverte dans cette commune, sous le règne d'Henri IV, et l'étude des lieux semblerait en effet confirmer la tradition.

II. TERRAINS DE TRANSITION PROPREMENT DITS.

Les roches et minéraux utiles de nos terrains de transition sont particulièrement de trois sortes :

a) Le *marbre et les pierres à chaux* de la Grauwake ;

b) L'*anthracite* de l'étage supérieur de transition ;

c) Les *filons de galène* qui traversent indistinctement la grauwake, le grès anthraxifère et le porphyre granitoïde.

Calcaire de transition.

Le *calcaire* de l'étage inférieur de transition est

bitumineux, subcristallin ou compacte, d'une nuance grise ou bleue, çà et là veiné de parties spathiques plus claires. On l'utilise spécialement comme pierre à chaux, et ses produits, parfois légèrement hydrauliques, sont appliqués soit aux constructions, soit à l'amendement des terres argilo-schisteuses.

Plus rarement, comme à Régny, où les bancs sont plus puissants et plus solides, on l'extrait pour pierre de taille et le polit même comme marbre.

La grauwake, et par suite aussi le calcaire, forment au nord et au sud du bassin anthraxifère deux lisières peu larges, sensiblement orientées de l'est à l'ouest.

La lisière sud, sur la rive gauche de la Loire, longe l'Aix, et l'on exploite ou l'on connaît du moins, du calcaire à Grezolles, Grezolettes, Luré, Saint-Julien-d'Oddes, et Saint-Germain-Laval. Un lambeau isolé du même calcaire se montre à la Soulagette, commune de Saint-Thurin, dans la vallée de l'Auzon, et un filon-couche de marbre blanc est exploité à la Bombarde et au Cros, dans les communes de Saint-Just-en-Chevalet et de Champoly.

Sur la rive droite de la Loire le calcaire perce au jour à Balbigny, Néronde, Montmin et Rey, commune de Sainte-Colombe, et au Gouget, commune d'Affoux, département du Rhône.

La lisière nord suit le cours de la Trambouze, et le calcaire paraît à Naconne et Régny, et plus spécialement sur la ligne de Montagny à Thizy, où le nombre des assises calcaires est considérable. Du reste il est évident que les couches des deux zônes vont se rejoindre sous le terrain anthraxifère ; on les retrouverait infailliblement en perçant ce dernier.

Les fours à chaux sont principalement établis
à Saint-Germain-Laval, Néronde, Régny, Montagny et Thizy. Vingt-cinq à trente sont habituellement en activité et livrent annuellement environ 80,000 hectolitres de chaux.

Anthracites.

Le *terrain anthraxifère* occupe spécialement,
sur les deux rives de la Loire, le district monta-
gneux qui se dresse entre les plaines de Feurs et
de Roanne. On peut le diviser en cinq bassins,
non qu'ils soient entièrement indépendants les
uns des autres, ou formés dans des circonstances
différentes, mais parce qu'ils sont aujourd'hui à
peu près complètement séparés les uns des autres, soit par des masses plus ou moins considérables de roches porphyriques, soit simplement
par des zônes stériles de grès ; ce sont les bassins
de *Lay*, de *Combres et Régny*, de *Saint-Priest-la-
Roche*, de *Bully et Jœuvre* et d'*Amions*.

Le *bassin de Lay*, le plus important de tous,
comprend les abords de la petite vallée de l'E-
corron. On y reconnaît distinctement quatre couches, de un à deux mètres de puissance, inclinant
au S. S. E., et dont les affleurements peuvent
être poursuivis, depuis le bourg de Saint-Sym-
phorien jusqu'à Saint-Claude (Rhône), sur une
longueur d'environ 6,000 mètres, dans la direction du S. S. O. au N. N. E.

Trois concessions y sont déjà instituées, et dans
deux d'entre elles on exploite d'une manière
permanente.

Cependant la concurrence des houilles de Saint-
Étienne retarde le développement des travaux
souterrains, circonstance qui déprécie le terrain
anthraxifère aux yeux de beaucoup de personnes,

et assurément à tort, car le bassin de Lay en particulier me paraît offrir des richesses incontestables. Seulement l'anthracite est malheureusement assez impure, car elle laisse de 25 à 30 p. % de cendres et ne pourra donc que difficilement être appliquée aux travaux métallurgiques, mais dans tous les cas elle rendra de précieux services pour la cuisson de la chaux et des briques et pour le chauffage domestique.

Entre *Combres* et *Régny* se développe le *second bassin*. Il est moins étendu et moins riche que celui de Lay et le combustible renferme jusqu'à 50 p. % de matières terreuses. Aussi l'administration a-t-elle, jusqu'à ce jour, répondu par un refus constant à tous les demandeurs de concessions. On connaît deux couches assez rapprochées de 1 m à 1 m. 50 de puissance, que les propriétaires de la surface ont jadis exploitées le long des affleurements. Les dernières recherches promettent un meilleur combustible.

Le plateau de *Saint-Priest*, Saint-Jodard, Neulize, etc., forme notre *troisième bassin*. Le terrain y est régulièrement stratifié, mais sans affleurements visibles au jour. Cependant comme les couches de Lay semblent pénétrer positivement sous ce plateau, on devra un jour les y rechercher par des puits ou des sondages.

Le *quatrième bassin*, celui de *Bully* et *Jœuvre*, est à cheval sur la Loire et par suite favorablement placé pour l'écoulement de ses produits. On y a découvert, comme à Lay, quatre couches de 1 à 2 mètres de puissance et mêmes elles donnent un combustible moins terreux que les autres mines de l'arrondissement de Roanne, mais le bassin de Lay est beaucoup plus étendu. Deux concessions y furent instituées en 1843, celle de Bully et Fragny, au sud, et celle de Jœuvre et Odenet au nord.

La première est de beaucoup la plus riche. Depuis longtemps les cultivateurs de Fragny exploitaient l'anthracite, chacun dans ses terres, le long des affleurements. Lors de la demande en concession, une compagnie parisienne fonça trois puits. L'un d'eux, de 77 mètres de profondeur, a recoupé les trois couches inférieures et sert actuellement aux travaux d'exploitation. — Le combustible est consommé aux environs ou embarqué sur la Loire, pour les chaufourniers de Roanne. — L'anthracite de la seconde couche, la plus importante des quatre, ne laisse que 15 p. % de cendres et ne donne à la calcination que 8 p. % de matières volatiles.

La concession de Jœuvre et Odenet n'a encore donné lieu qu'à des travaux de recherches généralement infructueux. On a bien trouvé des affleurements de couches sur les deux rives de la Loire, à la cabane Russe sur le plateau d'Odenet et près de Jœuvre dans la commune de Cordelle, mais, dans la première localité, la couche explorée est terreuse et n'a que 0 m. 70 c. de puissance; à Jœuvre les deux bancs ont, l'un seulement 0 m. 30 c. l'autre 0 m. 80 c. et de plus ils sont irréguliers. Cependant on ne devrait pas entièrement désespérer de cette concession puisque les couches de Bully sembleraient, si les apparences ne trompent, se prolonger en profondeur sous celles de Jœuvre et d'Odenet.

Enfin le *dernier bassin*, celui d'*Amions*, est situé sur la rive gauche de la Loire et sur les limites de la plaine tertiaire du Forez. Une série d'affleurements se montrent le long du coteau de la Bruyère, dans la vallée de l'Ysable. Jadis irrégulièrement fouillés par les propriétaires de la surface, ils sont aujourd'hui exploités, d'une manière suivie, par la compagnie concessionnaire. On a creusé plusieurs puits et reconnu positivement

trois couches, l'une de 0 m. 50 c., les deux autres de 1 à 2 mètres de puissance. Auprès des
affleurements elles sont fort tourmentées et dis-
posées en chapelets, mais elles plongent sous le
vaste plateau, si uniforme de Dancé, de Saint-
Paul et d'Amions, et doivent sans doute s'y étendre
d'une manière plus régulière. On aurait donc
un jour devant soi un champ d'exploitation considérable. Mais le combustible est moins pur que
celui de Bully et la position des lieux moins fa-
vorable pour l'écoulement des produits.

La production des mines d'anthracite de l'arrondissement de Roanne est insignifiante quand
on la compare à celle de nos mines de houille.
En 1843 elle ne fut en effet que de 49,000 quintaux métriques, en 1844 de 58,000, en 1845
d'environ 70,000 quintaux métriques. Mais du
moins il y a progression marquée ; les travaux
se développent, les débouchés s'étendent, et si
le chaulage des terres devient d'année en année
plus général, comme on doit s'y attendre d'après
les résultats brillants des départements de l'ouest,
on pourra espérer sous peu une consommation
au moins triple ou quadruple de celle de ces dernières années.

Minerais de plomb des terrains de transition.

FILONS DE GALÈNE DES TERRAINS DE TRANSITION.

Si les filons de plomb paraissent complétement
étrangers au granite des montagnes du Forez, ils
sont au contraire fort nombreux dans les terrains
de transition situés le long du pied oriental de
cette chaine.

Ils furent particuliérement exploités dans les
cantons de Saint-Germain-Laval, de Noirétable

et de Saint-Just-en-Chevalet. — La galène se montre indifféremment dans les trois étages inférieurs de transition, la grauwake, le porphyre granitoïde et le grès anthraxifère, mais cependant plus particulièrement dans le porphyre granitoïde; par contre le porphyre quartzifère n'en renferme jamais. Bien plus, la formation des filons métallifères de la Loire paraît intimément liée aux éruptions ignées de ce porphyre, et l'on est assuré de le rencontrer presque toujours dans le voisinage de chaque filon de galène. En un mot, les filons métallifères et le porphyre quartzifère me paraissent contemporains.

Nos minerais des terrains de transition ont généralement une teneur un peu plus forte en argent que ceux de la chaîne du Pilas; mais, sauf les trois ou quatre filons principaux, les gîtes ne sont guère plus réguliers, ni plus puissants que ceux du terrain primitif. Aussi les mines des environs de Saint-Just-en-Chevalet qui furent exploitées activement vers la fin du siècle dernier et qui occupaient alors environ trois cents ouvriers, n'en conservaient plus qu'une centaine, il y a trente ans, et durent forcément être abandonnées lors de la baisse générale du prix des plombs. — Les minerais, convenablement préparés, rendaient en moyenne à la fonderie de 60 à 70 p. $^0/_0$ de plomb et certains filons tenaient par 100 kilos de 50 à 70 grammes d'argent. Cependant les échantillons, recueillis et essayés dans ces derniers temps, sont beaucoup moins argentifères.

Dès 1727, les mines de ce district furent concédés à la famille de Blumenstein, mais déjà alors tous les filons un peu riches étaient sillonnés d'anciens travaux, et aucune des nombreuses tentatives que l'on entreprit, en vue de découvrir de nouveaux gîtes d'une certaine importance, ne

2

fut couronnée de succès. Aujourd'hui, moins que jamais, on ne peut sérieusement songer à r'ouvrir ces anciennes mines, et il y a peu d'espoir que quelque filon riche et continu ait échappé aux recherches si actives de nos devanciers.

Les principales exploitations de la famille de Blumenstein, aujourd'hui toutes abandonnées, sont situées à *Durel*, commune de Juré, à *Fontferrière* et *Marcillieux*, commune de Grezolles, à *Poyet* dans la montagne d'Urfé, et à *Grezolettes*, commune de Saint-Martin-la-Sauveté. — On connaît en outre un très grand nombre de petits filons, peu réguliers, dans une foule de localités diverses, situées à moins de une ou deux lieues de distance de Saint-Just-en-Chevalet, telles que la Bombarde, Génetines, le Grand-Ris, Ecrat, Saint-Marcel, Contenson, la Remise, Esserlon, Charmay, Bozon, etc. Quelques uns furent fouillés et poursuivis, jusqu'à dix ou vingt mètres de profondeur, d'autres sont encore intacts, mais bien visibles au jour le long des affleurements.

Dans tous ces filons, la gangue habituelle de la galène se compose de sulfate de baryte et de quartz. Assez souvent on y trouve aussi du spathfluor, et quelquefois, associé au plomb, des *pyrites de fer et de cuivre*, et de la *blende* (sulfure de zinc).

A la Soulagette et à Saint-Thurin, dans la vallée de Boën, on rencontre également des filons de galène, mais surtout de très nombreuses veines de *fer arsenical* que l'on avait cru, mais à tort, sensiblement argentifère et aurifère.

Enfin, je dois encore citer les filons de galène des rives de l'Aix, entre Nollieu et Saint-Germain-Laval ; d'autres, non loin de la Loire, à Bully et Saint-Maurice, puis aussi à Villemontais, à Sail-sous-Couzan, etc.

De plus, il existe, dans les mêmes localités, des

filons dont les crêtes recèlent uniquement de la baryte sulfatée, du quartz et du spath fluor, mais qui sont très probablement plombifères dans la profondeur.

Ainsi, j'ai trouvé plusieurs filons de baryte sulfatée aux environs de Nollieu et sur les bords de l'Auzon, près de Saint-Thurin. De même on voit du spath fluor et de la baryte sulfatée à Chérier, et un filon très puissant à Ambierle, le rocher de Montenau, qui est uniquement composé de quartz, de baryte sulfatée et de spath-fluor diversement nuancés.

Sur la rive droite de la Loire la galène semble manquer dans les terrains de transition, cependant des veinules de baryte sulfatée se montrent ça-et-là au milieu du grès anthraxifère.

Substances minérales diverses des Terrains de transition.

Nous avons déjà cité le *fer arsenical*, le *quartz* et la *baryte sulfatée*, et même la *blende*, les *pyrites* de *fer* et de *cuivre* accidentellement associés au plomb.

J'indiquerai encore des masses de *quartz* pur, dans le porphyre de la Chambodie près de Saint-Just-en-Chevalet et, dans les grès de transition, entre Bussières et Néronde; de plus, des filons de *quartz agathe*, au pied du Puy Montoncelle et sur la rive droite de l'Auzon près de Saint-Thurin, le long de la ligne de contact du granite et des terrains de transition.

Le *porphyre quartzifère* lui-même pourrait être utilisé dans les arts; le département de la Loire renferme toutes les variétés les plus recherchées de ce genre de roches : des porphyres, à grands cristaux, sur les bords de la Loire, à Saint-Maurice, dans la vallée du Sornin, à Châteauneuf, et aux environs de la Gresle et de Sevelinges; des porphyres à grains fins, verts et violets, à Chérier et Frédufont, des porphyres presque noirs, à cristaux de feldspath blanc, aux environs de Saint-Just-en-Chevalet, etc. ; et tous ces porphyres qu'il serait aisé de tailler et de polir aussi bien que les porphyres étrangers.

On a exploité pendant quelque temps, à ciel ouvert, du *minerai de fer* près de Saint-Thurin et au Pinay. Ce sont deux dépôts insignifiants qui semblent, comme le fer hydraté en roche de Latour, près de Saint-Etienne, être le produit de sources ferrugineuses.

Enfin, il faut encore citer un filon d'*antimoine sulfuré* à Montmin, commune de Sainte-Colombe, dans le calcaire; il est peu puissant, mais fournit du minerai très pur. Déjà, à diverses reprises, il fut en activité d'exploitation, puis de nouveau abandonné à cause de sa faible puissance.

III. TERRAIN HOUILLER.

Aux terrains de transition proprement dits succède, dans l'échelle géologique, la formation houillère. Tout le monde sait son extrême importance au point de vue industriel. On connaît ses produits, la *houille*, le *fer* et les *pierres meulières*, et il peut paraître oiseux à plus d'une personne, que l'on s'occupe encore de son étude et de sa description. En effet, il semblerait qu'un terrain, si longtemps fouillé, devrait nécessairement être connu dans toutes ses parties. Cependant, je ne crains pas d'être démenti en soutenant qu'il règne encore dans l'esprit de tous les ingénieurs qui ont dirigé des travaux de mines, soit à Rive-de-Gier, soit à Saint-Etienne, la plus grande incertitude sur une foule de questions qui concernent directement la richesse réelle de notre bassin. Jamais encore le terrain houiller de la Loire n'a été étudié d'une manière rationnelle dans son ensemble (1); aussi les opinions les plus divergentes se manifestent sur les rapports qui lient entre elles ses diverses parties.

Sans raisons plausibles on admet ou rejette le prolongement de certaines couches, au-delà des limites actuellement connues, on nie ou adopte la possibilité de rencontrer du combustible sous de vastes territoires sans affleurements, etc.

Et cependant comment arriver à une appréciation seulement quelque peu vraisemblable de la réserve encore inexploitée de notre combustible si toutes ces questions ne sont point étudiées à fond ?

J'ai donc cru devoir consacrer à l'étude du terrain houiller un temps fort considérable et lui réserver dans mon travail une place très étendue. Mais, maintenant, dans cet exposé de quelques pages, ce n'est point le lieu d'aborder tous ces points qui exigent, pour être compris, soit des plans, soit des développements trop étendus.

Je dirai donc quelques mots seulement des produits de notre bassin, et donnerai, sur la position relative des diverses séries de couches de houille, certains détails généralement ignorés. Je dois cependant, pour ce qui concerne ce dernier point, me limiter également. Je ne puis ici que tracer l'esquisse générale du terrain, telle qu'elle résulte pour moi de tout l'ensemble des faits observés, et suis obligé de renvoyer le lecteur, pour les preuves, au texte même de l'ouvrage.

---

(1) Je ne parle point du travail de M. Beaunier qui fut entrepris à une époque où les travaux de mines étaient encore trop peu développés à Saint-Étienne.

Position relative des diverses séries de couches.

On divise généralement le terrain houiller de la Loire en deux bassins dits de *Rive-de-Gier* et de *Saint-Etienne*, classification qui a bien réellement quelque apparence de raison, car elle est fondée sur des différences très notables et un isolement au moins apparent des deux parties, mais en réalité le bassin de Saint-Etienne est un dépôt complexe se divisant en quatre systèmes ou séries dont le plus inférieur est spécialement développé à Rive-de-Gier et sur toute la lisière nord et ouest de notre terrain.

Systèmes des couches de Rive-de-Gier et Roche-la-Molière.

A Rive-de-Gier, la base du terrain est formée par un conglomérat à fragments anguleux de granite, de gneiss et de micaschiste, sans aucun ciment de grès. En considérant sa parfaite uniformité de composition, eu égard surtout à sa grande puissance, on est amené à voir en lui un dépôt *d'un seul jet*, le résultat d'un grand éboulement de roches primitives, et cette catastrophe paraît intimément liée au soulèvement de la chaîne primitive qui passe à Riverie, Saint-Romain-en-Jarret et Fontanès. Toutes les strates de gneiss y sont en effet ou verticales ou même renversées, et à leur pied se rencontre précisément l'immense éboulis. Eh bien, cette énorme accumulation de débris non roulés par les eaux, forme une bande parfaitement continue, d'une largeur qui varie entre 500 et 2,000 mètres, le long de la limite nord du bassin houiller, depuis Rive-de-Gier jusqu'à la Fouillouse, et même au-delà, jusqu'à Landuzière, dans la direction de Roche-la-Molière. Je citerai en particulier Saint-Genis-Terre-Noire, Cellieu, le mont Crépon entre Saint-Chamond et Valfleury, le mont Maga au nord de Sorbiers, la Fouillouse, etc.

Sur cette lisière, qui devient ainsi un point de repère fort important, reposent directement les premières assises de la série des couches de Rive-de-Gier, et l'on peut effectivement, en suivant cette ligne, observer leurs affleurements, depuis les grandes Flaches et le Mouillon jusqu'au Ban, près de Cellieu.

Par-dessus vient un énorme dépôt stérile de conglomérats, plus ou moins grossiers, à ciment de grès, dont les galets, tous bien arrondis, sont fréquemment quartzeux. Ainsi donc le système des couches de Rive-de-Gier, avec ses schistes et ses grès, est compris entre deux conglomérats très différents que l'on distingue à première vue, et tout cet ensemble n'est point borné au vallon du Gier; on le retrouve, en effet, parfaitement carac térisé sur toute la ligne, en remontant vers Saint-Etienne. Ainsi il passe au nord, ou au mur, des couches exploitées à Saint-Chamond, puis par les hauteurs de Sorbiers, Longiron et le mont Reynaud, enfin au nord des travaux de la Chana et de Villards, et presque partout ses assises plongent régulièrement au S. S. E., c'est-à-dire sous les couches de houille les plus basses que l'on connaît à Saint-Etienne. Au-delà de Villars, on arrive vers Roche-la-Molière, où se montrent, sur la lisière du bassin, deux couches plongeant à l'est, sous le système le plus inférieur de Saint-Etienne. Bref, car je m'aperçois que je discute et cite des preuves, au lieu de résumer, *tout le système de Rive-de-Gier sert de base aux couches aujourd'hui connues tant à Saint-Chamond qu'à Saint-Etienne.* Mais, dira-t on, faut-il conclure de là que sous ces der-

nières on trouvera *nécessairement*, à une profondeur plus ou moins grande, toutes les couches
telles qu'elles se présentent à Rive-de-Gier? Sans
doute il serait téméraire de l'affirmer, mais on ne
saurait pas davantage soutenir la stérilité complète
de tout ce prolongement du système de Rive-de-
Gier vers Saint-Étienne. Bien plus, les derniers
travaux exécutés entre Rive-de-Gier et Saint-Chamond, sont plutôt favorables à l'hypothèse qu'une
partie notable de ce terrain recèle réellement du
charbon, et, en effet, comme nous l'avons dit, la
houille reparaît à l'ouest de Roche-la-Molière,
sous le système le plus inférieur de Saint-Étienne.
Cependant, que l'on me comprenne bien, je ne
prétends nullement que les deux couches les plus
basses de Roche se relient, sans interruption, à
celles de Rive-de-Gier, et encore moins qu'elles
passent, sans devenir stériles dans la profondeur,
sous les trois séries supérieures de Saint-Étienne.
Mais au moins, les recherches, on me l'accordera,
ne seraient point déplacées dans la vaste concession de Saint-Chamond et dans toutes celles qui
lui succèdent à l'ouest, sur la lisière nord du bassin Stéphanois, telles que Sorbiers, la Chazotte,
le Cros, la Porchère, etc. Et, tant que ces recherches n'auront pas été entreprises, quel degré de
confiance attacher aux diverses évaluations par
lesquelles, dans ces derniers temps, on a cherché
à prédire, dans un avenir prochain, le complet
épuisement du bassin de la Loire?

Le bassin proprement dit de Rive-de-Gier renferme une couche principale appelée *grande masse*,
dont la puissance assez variable est cependant, en
moyenne, de 8 à 10 mèt.; elle se rencontre dans
toutes les parties du bassin, sauf sous le plateau
des grandes Flaches. La houille est généralement
dure et peu collante dans le district oriental,

grasse, plus pure et bonne pour le coke, dans la région occidentale, entre Lorette et la Grand-Croix.

Sous la grande masse on connaît, particulièrement dans toutes les concessions les plus voisines de Rive-de-Gier, deux et quelquefois trois couches qui donnent un charbon plus terreux et moins gras; ce sont la *bâtarde*, souvent divisée en deux, et la *bourrue*. Les deux parties de la bâtarde ont chacune de 1 mèt. 50 à 2 mèt., et la bourrue de 1 mèt. à 1 mèt. 50.

A ce système de quatre couches sont associés des schistes et des grès à grains fins, et, de plus, cinq ou six petites couches inexploitables. Tout cet ensemble, si bien caractérisé, au milieu de deux grands dépôts de conglomérats, a une puissance totale qui oscille entre 80 et 120 mètres.

Si maintenant nous nous dirigeons au-delà de Roche-la-Molière, vers l'extrême limite ouest du bassin, nous retrouverons le même système, ou plutôt un système parallèle représenté à la vérité, sur les affleurements, par deux couches seulement, mais dont l'une a cependant plus de deux mètres, et qui plongent toutes deux fort régulièrement à l'est, et s'enfoncent à de grandes profondeurs sous les couches supérieures de Roche-la-Molière et de Villards.

Or, maintenant, si une *partie* seulement des couches de ces deux systèmes contemporains se retrouvaient sous les séries supérieures de Saint-Étienne et de Saint-Chamond, et en particulier (à des profondeurs qui ne seraient point très considérables) dans les concessions voisines de la limite nord du bassin, serait-il permis je le demande, d'avoir encore des craintes sérieuses sur le prochain épuisement de nos richesses houillères ?

Mais aussi cet état de choses n'impose-t-il au-

cun devoir spécial au gouvernement? Ne serait-il
pas de la plus haute importance de connaître enfin les véritables ressources du bassin de la Loire?
Et l'état ne devrait-il point faire percer, à ses
propres frais, ou par la grande compagnie des
mines de la Loire, les trous de sonde et les puits
les plus propres à résoudre enfin toutes les questions que l'on peut soulever relativement à l'allure
et à l'étendue réelle de nos principales couches de
houille?

Système inférieur de Saint-Étienne.

Au conglomérat supérieur de Rive-de-Gier succède la série que j'appellerai *système inférieur de
Saint-Étienne*, ou encore système des *couches de
Villards et de l'Étang*. Il forme concentriquement
au premier, entre Saint-Chamond et Villards, une
large bande inclinant en moyenne au sud un peu
est, et plongeant ainsi sous les assises de la série
moyenne.

Les premières couches de houille se montrent
à Saint-Chamond, au nord de la ville; elles sont
au nombre de trois ou quatre, mais peu puissantes, et ne donnent qu'un médiocre charbon. En
remontant la vallée de Langonan on perd de vue
les affleurements, mais bientôt ils reparaissent au
col de Sorbiers, dans une position rigoureusement
parallèle, puis, de là, se poursuivent, sans interruption, à travers les concessions de la Chazotte,
du Montcel, de Chaney, Reveux, Méons, le Cros,
la Chana, Villards, etc.

Les couches aujourd'hui connues sont au nombre de *sept*. La plus basse a été récemment ren-
contrée dans les travaux d'exploration du terrain
non concédé de la Calaminière, et s'exploite régulièrement à la Vaure, dans la concession de la
Chazotte. C'est une couche de 2 à 3 mèt. de puis-

sance, la seule de tout le bassin de la Loire qui fournisse une houille anthraciteuse très peu collante. La seconde est connue sous le nom de *couche des Roches;* elle est divisée en deux par un lit schisteux d'une faible épaisseur, et chacune des parties a 1 mèt. 30 à 1 mèt. 60 de puissance. On l'exploite à la Chazotte, au Montcel, à Chaney et aux Granges, dans la concession du Cros; elle est enfin connue à la Chana et à Villards.

Vient ensuite la principale couche du système, celle que l'on appelle, à Méons, couche de *l'Etang;* elle paraît d'abord dans la châtaigneraie du Moncel, puis sous le coteau de Chaney et sous l'étang de Reveux, enfin dans toutes les concessions ci-dessus nommées. Sa puissance varie de 3 à 6 mètres; tantôt elle est divisée en deux masses, comme à Villards et à Méons, en trois comme à la Chana, sous la plaine du Treuil et au Cros, en quatre au Brûlé, sous le coteau de Chaney, ou bien, au contraire, réduite en une seule couche, comme au puits Sainte-Marie de Chaney.

La qualité du combustible est aussi très variable; à Méons et Chaney on obtient le meilleur coke de la Loire; à Villards et la Chana les charbons sont très ordinaires.

A une centaine de mètres, au toit de cette grande couche, on connaît enfin une série de quatre petites couches de 1 mèt. à 1 mèt. 60 de puissance; elles sont bien visibles à Chaney, Reveux, Méons, mais paraissent en partie s'évanouir dans les concessions situées plus à l'ouest. Cependant deux d'entre elles furent autrefois exploitées à la Chana, et l'une de ces deux l'est encore aujourd'hui par la galerie Sainte-Barbe, à Villards.

Au-delà de Villards, tout le système change de direction, il remonte du nord au sud le vallon du Clusel; cependant, au pied du Montsalson il re-

prend sensiblement son allure première et longe
alors, en marchant au sud-ouest, le flanc nord de
la crête qui tend du Montsalson vers Firminy.
Il reparaît encore dans la vallée de Roche-la-Molière où il est spécialement représenté par cinq
couches importantes que l'on désigne par les noms
de couches *Siméon*, *du Moulin*, *du Saignat*, *Pey-
ron* et *de la Grille*, ayant ensemble une puissance
totale d'environ 12 mètres. Enfin, mais avec des
des caractères un peu différents, ce même système pourrait bien être représenté, dans la vallée
de la Ricamarie, par les trois couches les plus
basses de ce district, dites *première*, *seconde* et
troisième brûlantes, et à Firminy par les couches
de *la Tour*.

Maintenant on peut se demander, comme pour
le système de Rive-de-Gier, toutes ces couches que
l'on voit se diriger sous les séries moyenne et supérieure de Saint-Étienne, se prolongent-elles en
effet à de grandes profondeurs sans cesser d'être
exploitables? Plusieurs faits semblent positivement le prouver. Mais, dans tous les cas, ne serait-il pas du devoir de l'état d'explorer dès maintenant ces richesses souterraines, ce pain quoti-
dien de toutes nos industries, l'un des éléments
les plus importants de la prospérité nationale? ou
veut-on aussi se laisser surprendre par cette fa-
mine d'un nouveau genre?

Système moyen de Saint-Étienne.

Sur l'ensemble des couches de Villards et de
l'Etang repose le *système moyen* ou de *Bérard*,
Entièrement confiné aux parties centrale et méridionale du bassin proprement dit de Saint-Étienne,
son développement est nécessairement plus res-
treint que celui des deux séries inférieures. Cependant les travaux y sont fort nombreux, et,

dans certaines concessions aux alentours de Saint-Etienne, quelques-unes des couches de ce groupe sont même déjà fortement entamées, sinon presque entièrement épuisées.

Les couches du système de Bérard sont au nombre de *neuf* ou *dix*; la plus importante est celle que l'on désigne sous le nom de *grande masse* ou de *troisième* couche, parce que, en effet, elle est, dans la plupart des mines de la plaine de Bérard, la 3.me à partir du jour; cependant, ailleurs elle n'occupe en réalité que le 4.me ou 5.me rang de la série complète.

Au mur de cette masse principale le nombre des petites couches inférieures est au maximum de *six* ou *sept*.

Le système moyen commence à paraître le long de la limite occidentale de la grande concession de Saint-Chamond, sur les hauteurs de Saint-Jean-Bonnefonds.

On exploite là les couches inférieures (8.me, 9.me, 10.me) dans les concessions de la Sibertière, de Saint-Jean-Bonnefonds, du Ronzy et de la Baralière; les 3.me, 4.me, 5.me et 7.me dans les concessions supérieures de Terre-Noire et de Côte-Thiolière. Des hauteurs du Ronzy la limite nord du groupe descend dans la plaine de Bérard et du Treuil, et la franchit, de l'est à l'ouest, en passant au Marais, puis au couvent de Bel-Air; de-là elle contourne les flancs nord et ouest de la colline de Montaud et le revers nord du Montsalson; enfin, parallèlement à la série inférieure, elle se dirige au sud-ouest, en suivant toujours le versant nord de la crête de Montsalson à Firminy. Sur le revers opposé, dans le vallon de la Ricamarie, le système moyen remonte au jour par une inversion complète de la plongée des couches, tandis que l'espace intermédiaire, au sommet est couronné par le quatrième ou dernier système. A l'ouest de Côte-Thiolière, la série des concessions ainsi traversées par les couches du système moyen sont Monthieux, Bérard, la Roche, le Treuil, quartier Gaillard, Beaubrun, Dourdel et Montsalson, la Beraudière, Montrambert et Firminy.

La troisième couche a une puissance de 3 à 4 mètres au Treuil, à la Roche, à Bérard, etc., de 6 à 8 mètres dans les concessions de Côte-Thiolière et de Terre-Noire, jusqu'à 15 mètres à la Beraudière et à Montrambert.

La houille est en général de qualité ordinaire, bonne pour le coke des hauts-fourneaux, à Côte-Thiolière et à Terre-Noire, à Beaubrun et à Montsalson, recherchée pour la forge, à la Ricamarie, particulièrement propre à la fabrication du gaz. Au toit de la grande masse, et plus spécialement encore entre les deux ou trois petites couches supérieures, on connaît du *minerai de fer*.

La plus importante des couches inférieures est la cinquième, de 1 mèt. 50 à 1 mèt. 80 de puissance; ses produits conviennent particulièrement pour la forge. La quatrième, d'une puissance moyenne un peu moindre, donne en général un combustible de qualité médiocre. La sixième est inexploitable, et la septième, dont la puissance est de 1 mètre, se fait aussi remarquer par la forte proportion de ses parties terreuses. Ces trois couches inférieures sont surtout exploitées dans les concessions du groupe de Bérard.

La 8.me couche a de 2 à 3 mètres à la Barallière et au Ronzy, 0 m. 80 c. au plus, dans la concession du Treuil, au puits de la Pompe.

Les deux systèmes, moyen et inférieur, sont séparés l'un de l'autre par un nombre considérable d'assises stériles, dans la partie orientale du bassin, à Méons, Ronzy, et Saint-Jean-de-

Bonnefond; ils se rapprochent au contraire en
avançant à l'ouest, vers les concessions de Dourdel et Montsalson, la Beraudière et Montrambert.

D'un autre côté les couches supérieures du
système de Bérard sont peu développées à l'est
de Saint-Etienne, plus puissantes et au nombre
de 4 ou 5 dans le vallon de la Ricamarie.

Le prolongement des couches du système moyen, sous les assises de la série supérieure, est
un fait aujourd'hui constaté et même j'ai de for-
tes raisons pour croire que les principales couches du système moyen s'étendent en effet, sans
cesser d'être exploitables, sous tout le système
supérieur.

Système supérieur de Saint-Etienne.

Je donne le nom de système *supérieur* ou du
bois d'Aveize à la partie la plus élevée du bassin
houiller de la Loire. On le voit couronner une
série de hauteurs, sous forme d'étroite lisière,
depuis Terre-Noire jusqu'à Montrambert. Ce sont
le bois d'Aveize, les coteaux de la Pouilleuse, de
la Richelandière et de Saint-Roch, la colline de
Sainte-Barbe, au cœur de la ville de Saint-
Etienne, puis tout le haut de la crête qui s'étend
du Deveix vers Firminy.

Le système supérieur est particulièrement riche
en houille à Terre-Noire sous la colline du bois
d'Aveize. Là, en allant de bas en haut, on rencontre la série suivante, à 140 ou 150 mètres au
toit de la 3.ᵐᵉ couche, du système moyen :

1.º La couche *des Rochettes*, de 2 à 4 mètres
de puissance, jadis exploitée à Monthieux, à la
Tardiverie et près des hauts fourneaux du Janon;

2.º Une petite couche de 1 m. 30 c. connue à
la Richelandière et au puits Saint-Jean-de-Mon-
thieux;

3.º Deux ou trois petites couches peu importantes traversées par la galerie et le puits du bois d'Aveize ;

4.º La *grande masse* du bois d'Aveize, dont la puissance est de 6 à 7 mètres ;

5.º Une couche de 1 mètre appelé *petite masse*;

6.º La couche du *bon-menu* de 2 m. 50 c. à 4 mètres ;

7.º La *Rouillat* de 2 à 3 mètres ;

8.º Au sommet du bois d'Aveize encore une couche de 3 à 4 mètres dite *mourinèe*.

Enfin tout le système se termine par un énorme dépôt de conglomérat quartzeux et micacé, que le puits de Bel-air, à Janon, a traversé sur une hauteur de plus de 100 mètres.

Toutes ces couches, à partir de la grande masse du bois d'Aveize, se font remarquer par la pureté et surtout par la nature éminemment bitumineuse de la houille.

A la Richelandière on retrouve les affleurements des couches ci-dessus citées sous les numéros 1 à 4. Elles plongent sous le conglomérat quartzeux et micacé du plateau de la Pouilleuse et de Saint-Roch, puis reparaissent sur l'autre rive du Furens, mais moins puissantes et moins bonnes, dans la mine de la colline Sainte-Barbe et à la Chauvetière; puis encore, sur toute la ligne, depuis le Brûlé et la Viane, à la mine des Combes (concession de Montrambert).

En résumé on voit que le terrain houiller de la Loire renferme, en négligeant toutes les couches de moins de 1 mètre :

1.º *Dans le système de Rive-de-Gier et Roche.*

a) A *Rive-de-Gier*, quatre couches d'une puissance moyenne totale de 14 mètres ;

b) Partie basse de *Roche-la-Molière*, deux couches ayant ensemble environ 3 à 4 mètres ;

2.° Dans le système inférieur de Saint-Etienne.

Sept couches d'une puissance réunie de 10 à 12 mètres.

3.° Dans le système moyen.

a) A *Bérard*, neuf ou dix couches d'une puissance moyenne de 10 mètres ;

b) Dans le *vallon de la Ricamarie*, six couches d'au moins 20 mètres.

4.° Dans le système supérieur.

a) Au bois d'Aveize huit couches de 20 mètres ;

b) A la Chauvetière, trois ou quatre couches de 5 à 6 mètres.

L'incertitude qui plane encore sur le prolongement intégral de chaque système sous l'ensemble des systèmes supérieurs, rend évidemment impossible, comme nous l'avons dit, toute évaluation, même approximative, des quantités de houille encore disponibles dans le bassin de la Loire ; aussi la commission (1) instituée dans ce but, par M. Migneron, inspecteur général des mines, n'a pu tenir compte que des massifs positivement reconnus par les travaux de mines ou par des données géologiques incontestables. Elle est ainsi arrivée à un chiffre de 2,503,200,000 hectolitres. Mais, pour mon compte, je suis persuadé que, même en négligeant entièrement le prolongement des couches de Rive-de-Gier, sous

(1) La commission était ainsi composée : M. Delséries, président, MM. Fénéon, Gruner, Châtelus, Mœvus, Pigeon et Jacquot. Elle s'occupa de ce travail en décembre 1845 et janvier 1846.

les systêmes supérieurs de Saint-Chamond et de
Saint-Etienne, nos ressources houilléres s'élèvent
au moins à un chiffre de 5 ou 6 milliards d'hectolitres.

Produits du bassin houiller de la Loire.

Les produits du bassin houiller de la Loire
sont la *houille* et le *minerai de fer*, la *pierre meu-
lière* et la *pierre de taille*.

Les houilles de la Loire peuvent être divisées
en quatre genres : *houilles anthraciteuses, houilles
grasses à courte flamme, houilles grasses ordinaires,
houilles grasses à longue flamme*. Elles diffèrent
entre elles non seulement par la composition
chimique, et les changements qu'elles éprouvent
au feu, mais encore par leur pouvoir calorifique
et leur emploi dans les arts.

Le tableau suivant renferme en quelque sorte,
en abrégé, la caractéristique complète de chacun
des quatre genres.

(Suit le Tableau.)

Classification et composition

	HOUILLES anthraciteuses.	HOUILLES GRASSES à courte flamme.
	Noir en poussière.	*Noir en poussière.*
Couleur, dureté, éclat des houilles.	Toutes choses égales d'ailleurs, l'*éclat* est et moins oxigénée, et la *dureté* d'autant plus bouilles très collantes qui ont l'éclat le plus dures. — Mais l'éclat et la dureté sont aussi la dureté augmente à mesure que la masse	
Composition élémentaire moyenne abstraction faite des cen tres.	Hydrogène 4. 5 Oxigène et azote 3, 5 à 4 Carbone 92 à 91,5 ——— 100	5 4 50 90 50 ——— 100
Résultats de la distillation, abstraction faite des cendres.	Coke 85 à 80 Matières volatil. 15 à 20 ——— 100 Bitume 4 à 5 p. 0/0 Eau ammoniacale moins de 1 0/0	80 à 74 20 à 26 ——— 100 8 à 10 0/0 1 0/0
Etat du coke.	Coke légèrement fritté.	Idem collé, dur, compacte, peu boursouflé.

Pouvoir calorifique. — Le pouvoir calorique, à pureté égale des les anthraciteuses ont le pouvoir calorifique le plus élevé, et les

Emploi des houilles.	Conviennent surtout pour la cuisson de la brique et de la chaux. Sont employées, à cause de leur pouvoir calorifique élevé, pour la fabrication du menu aggloméré. — Sont trop maigres pour que le menu puisse être transformé en coke. — Pourraient servir à l'état cru dans les hauts- fourneaux.	Houilles de première qualité pour la fabrication des cokes durs. — quand ces cokes renferment moins de 10 0/0 de cendres on les recherche pour les locomotives, les cubilots, les fineries, la fusion de l'acier, etc. Plus chargés de cendres ils sont encore employés dans les hauts-fourneaux.
Origine des houilles.	Concessions de la Chazotte et de la Calaminière. Couche la plus basse du système inférieur de Saint-Etienne, dite couche de la Vaure	Concessions du Montcel, de Chaney, de Méons, de Reveux, du Cros. — Les couches des Roches et de l'Etang, du système inférieur de Saint-Etienne.

des houilles de la Loire.

HOUILLES GRASSES ordinaires et très collantes.	HOUILLES GRASSES à longue flamme.
Brun noir en poussière.	*Brun en poussière.*

d'autant plus vif et plus gras, que la houille est plus bitumineuse grande que les houilles sont plus oxigénées. — Ainsi ce sont les vif, et les houilles grasses à longues flamme qui sont les plus subordonnés à la proportion des cendres. — L'éclat diminue et des cendres s'accroît.

5 à 5 50	5, 50 à 5, 80
4, 5 à 6, 0	6, 0 à 10, 0
90, 5 à 88, 5	88, 5 à 84, 20
100	100
74 à 64	64 à 60
26 à 36	36 à 40
100	100
10 à 13, 5 0/0	13 à 16 0/0
1 à 3 0/0	3 à 5 0/0
Id. bien collé, moins dur, moins compacte. — Très boursoufflé.	Idem collé, mais très fissuré et peu solide. — Peu boursoufflé.

houilles, dépend surtout de la proportion de carbone, ainsi les houil- houilles grasses à longue flamme développent le moins de chaleur.

Le gros sert au chauffage domestique et se consomme pour les bateaux à vapeur. Le menu qui contient moins de 8 à 9 0/0 de cendres est vendu comme charbon de forge ou transformé, à défaut des houilles à courte flamme, en cokes de 1.re qualité. Les menus de 8 à 12 0/0 de cendres sont utilisés pour coke de hauts-fourneaux. Les menus moins purs conviennent encore pour les fours à grille, le puddlage, les verreries, etc.

Presque toutes les houilles de Rive-de-Gier et de Saint-Etienne appartiennent à cette catégorie. Il faut seulement en excepter les charbons des couches déjà citées et ceux des concessions de Couzon, la Béraudière et Montrambert.

Le gros est recherché, à cause de sa dureté, pour les transports lointains, et pour le chauffage des fours à grille, à cause de l'étendue de sa flamme. — Le menu alimente spécialement les usines à gaz. — Le kilogramme de cette houille donne en grand de 260 à 280 litres de gaz.

Les houilles de cette classe sont principalement fournies par les diverses couches des concessions de la Béraudière et de Montrambert, appartenant aux systèmes moyen et inférieur.

Proportion
de soufre.

Toutes les houilles de Saint-Etienne renfer-
La quantité de soufre varie en général entre
D'après les tableaux officiels de l'adminis-
ces trois dernières années, ainsi qu'il suit :

Saint-Etienne. Rive-de-Gier et St.-Chamond.	ANNÉES	EXTRACTION en quintaux métriques.
Saint-Etienne.	1844	7,361,267
Rive-de-Gier et St.-Chamond.		4,888,853
		12,250,120 q. m.
Saint-Etienne.	1845	8,112,551
Rive-de-Gier et St.-Chamond.		5,942,747
		14,055,298 q. m.
Saint-Etienne.	1846	8,152,356
Rive-de-Gier et St.-Chamond.		6,939,217
		15,091,573 q. m.

ment un peu de souffre à l'état de pyrite de fer (sulfure de fer),
0,50 p. 0/0 et 1 p. 0/0, soit à peu près de 1 à 2 p. 0/0 de pyrite.
tration des mines le mouvement du bassin de la Loire a été, dans

VALEUR de la houille extraite.	PRIX MOYEN de la houille par quintal métriq.	NOMBRE des Ouvriers.
5,603,959	0,789	3,246
4,067,796		2,089
9,671,755 fr.		5,335
6,134,092	0,819	3,477
5,983,446		2,304
11,517,538 fr.		5,781
5,926,763	0,843	environ
6,779,615		
12,706,378 fr.		6,000

Minerais de Fer du terrain houiller.

Les minerais de fer du bassin de la Loire appartiennent, comme tous les minerais houillers, à la classe des fers carbonatés lithoïdes. Mais ils se présentent sous trois formes différentes : en *rognons*, en *couches* et en *plaquettes* ou débris de troncs.

La première manière d'être est la plus fréquente et cependant les rognons ne sont jamais assez nombreux dans une même assise pour payer tous les frais d'une exploitation qui serait uniquement ouverte en vue du minerai. Aussi on se contente de rassembler et d'amener au jour, les rognons épars que le mineur rencontre en abattant la houille. Ils sont surtout abondants au milieu de la grande masse du système inférieur et au toit des 2.me et 3.me couches du système moyen.

Le minerai en *couches* continues n'est connu qu'à Saint-Chamond et dans la mine du Bessard (concession de Méons). Il est peu estimé à raison des proportions considérables de phosphore et d'arsenic qu'il contient.

Enfin le minerai en *plaquettes*, particulièrement accumulé au toit de certaines couches de houille, se compose de débris de troncs, entièrement transformés en carbonate de fer. — La richesse de nos minerais houillers est au maximum de 40 p. %, mais leur teneur habituelle est de 20 à 30 p. %. Ils sont assez fusibles, mais généralement pyriteux et phosphoreux et par suite peu propres à donner du bon fer. — Outre les minerais proprement dits, le terrain houiller renferme encore des schistes ferrugineux, que le mineur appelle *manifère*, et qui renferment généralement de 8 à 10 p. % de fer à l'état carbonaté.

Pierres meulières et pierres de taille.

Un grand nombre de bancs de grès du terrain houiller sont exploités pour *pierres de taille*, dans de nombreuses carrières à ciel ouvert. La roche a généralement un grain inégal et grossier ; elle est rarement bien dure et habituellement s'égrène peu à peu. — Les grès les plus fins fournissent de grandes meules à aiguiser, pour le polissage des armes et de la grosse quincaillerie. On en trouve spécialement à Roche-la-Molière et dans le vallon de la Ricamarie.

IV. TERRAINS SECONDAIRES.

A la suite de la formation houillère, les terrains secondaires, avons nous dit, ne sont plus représentés que par les grès, calcaires et marnes du lias, et par le calcaire jaune oolitique ; de plus ces terrains ne forment qu'une étroite lisière, sur les deux rives de la Loire, en aval de Pouilly et de Briennon, et le long de la vallée du Sornin, entre Charlieu et la Clayette.

Aussi les substances minérales utiles sont-elles peu variées dans ces deux formations. Quant aux *matières métalliques*, je ne puis citer que des mouches de *galène* dans le grès infraliasique, et du *minerai de fer* en couches minces dans le calcaire oolitique.

Le grès du lias, lorsqu'il repose directement sur le porphyre, affecte, comme en Bourgogne, tous les caractères de l'*arkose* et contient alors des grains et même de petites veinules de *plomb sulfuré*. C'est ce qui arrive au bourg de Maizilly ; mais il y a loin de là à un gîte réellement exploitable. Ailleurs, c'est un amas concrétionné de *manganèse oxidé*, qui s'est développé entre le porphyre et le calcaire, comme à Pouilly, dans les carrières de pierres à chaux du moulin de la Roche et de Montrenard.

Dans une foule de contrées on trouve, entre le lias et le terrain oolitique, une couche de minerai de *fer oolitique* appelée en géologie l'*oolite ferrugineuse* : ainsi, dans les départements de l'Ain, de l'Isère, de l'Ardèche, etc. Cette même couche est bien réellement représentée dans la Loire, mais peu puissante et pauvre. On la rencontre dans les vignes de Saint-Nizier, vers la mi-hauteur du coteau, au bourg de Boyé et en général sur toute la ligne, entre Boyé et Maizilly. À Briennon les travaux du canal ont de même mis à jour quelques assises ferrugineuses. Mais tous ces indices, qui satisfont le géologue, ne constituent encore aucun gîte positivement exploitable.

Au milieu du calcaire oolitique lui-même, dans les carrières de la Tessonne, j'ai trouvé une couche de fer hydraté en roche, donnant jusqu'à 50 p. % de bonne fonte, mais la puissance du banc est à peine de 0 m. 25 c. Au-delà des limites du département, à Marcigny, on exploite depuis peu du fer oxidé hydraté.

Mais si nos deux formations jurassiques ne livrent au commerce aucun métal, elles recèlent par contre des *marnes* et de la *chaux* pour l'agriculture, des *terres à briques* et des *calcaires* pour les constructions.

Les *marnes* sont fréquentes dans la partie moyenne du lias, au-dessous de l'oolite ferrugineuse. On en exploite à Saint-Nizier, au bas du coteau, et on en trouverait de semblables tout le long de la Loire, entre Saint-Nizier et Iguerande et, sur la limite des terrains porphyriques, entre Coutouvre et Maizilly. — Le même terrain fournit aussi les argiles ou *terres à briques*. On l'exploite à Coutouvre.

Le calcaire du lias donne une *chaux* généralement hydraulique. Des carrières sont ouvertes dans ce but au haut Pouilly, au moulin de la Roche, à Saint-Pierre-de-Noaille, à Coutouvre, Mars, Maizilly, etc., et elles alimentent, dans la belle saison, une dixaine de fours à chaux.

Enfin le calcaire oolitique donne une bonne *pierre de taille* fort recherchée dans la vallée de la Loire. C'est une roche jaune, grenue, sub-cristalline, facile à tailler.

Quelques carrières sont en activité à Saint-Denis-de-Cabannes et à Chandon, mais les plus considérables sont déjà situées hors du département, à Saint-Maurice-lès-Châteauneuf. Il en est de même des carrières de la Tessonne, sur les bords du canal de Digoin, qui procurent à Roanne de la pierre à chaux et des pierres de taille.

V. TERRAINS TERTIAIRES.

Le terrain tertiaire des plaines de Feurs et de Roanne, principalement composé d'une succession variée d'argiles et de sables, renferme plusieurs substances utiles aux arts : du *minerai de fer*, de la *pierre calcaire*, des *argiles réfractaires* des *argiles à poterie* et des *terres à briques*.

En un très grand nombre de points, le long de la lisière des deux plaines, on rencontre dans les champs des blocs d'un aggloméral de grains siliceux, cimentés par de l'*hydroxide de fer*. — Les cultivateurs le désignent sous le nom de *mâchefer*, et en effet il ressemble aux vieilles scories oxidées des forgerons. — En général ce minerai est pauvre, cependant j'ai trouvé des échantillons donnant jusqu'à 30 p. %, de fonte. Tous ces blocs proviennent d'une couche de 0 m. 20 c. à 0 m. 40 c., régulièrement intercalée au milieu des assises sabloneuses de la base du terrrain, et il faut que le cultivateur brise et enlève la roche dure, s'il veut ensemencer son champ. Le minerai me parait cependant en moyenne trop pauvre pour être traité dans les hauts fournaux. — Je citerai, parmi les localités où il est le plus abondant, les bords de la plaine près de Saint-Galmier, la forêt des Ardilliers, entre Amions et la Loire et les environs d'Ambierle.

La *pierre calcaire* tertiaire de nos deux plaines est une roche blanche, caverneuse et concrétionnée, tantôt siliceuse, tantôt argileuse, en couches de 1 à 2 mètres de puissance, ayant pour mur et pour toit des argiles vertes plus ou moins sabloneuses.

Les bancs sont un peu irréguliers; leur puissance et la nature du calcaire éprouvent de fréquentes modifications. Ils paraissent le produit de sources calcaires, inégalement actives durant les diverses phases de la période tertiaire. — On les exploite à ciel ouvert, en déblayant les argiles supérieures. La silice et l'argile rendent la chaux un peu maigre, mais aussi sensiblement hydraulique.

Les carrières les plus considérables sont situées à Sury-le-Comtal. Le calcaire est transformé en chaux sur les lieux mêmes, dans un très grand nombre de fours à chaux, ou transportés à Saint-Marcellin, Andrézieux et Saint-Etienne. Les couches calcaires paraissent à Sury, sur les deux rives de la Mare, et peuvent être suivies, en remontant le vallon, jusqu'au château de Batailloux. On retrouve encore le calcaire à Chalain-le-Comtal et à Marcoux.

Un trou de sonde percé à Sury, jusqu'à 45 mètres du jour, a d'ailleurs rencontré, dans la pro-

fondeur surtout, une série assez nombreuse de
bancs calcaires.

Dans la plaine de Roanne, le calcaire ne se
montre que sur la rive gauche de la Loire. Des
couches de 0 mèt. 30 à 1 mèt. de puissance paraissent sous les plateaux de Saint-Germain-Les-
pinasse, de Saint-Forgeux et de Saint-Romain-la-
Mothe. Il est exploité aux Athiauds, entre Ambierle et Saint-Germain, et le fut autrefois à
Urbize et à Vivans où les bancs sont un peu plus
puissants. Mais ces établissements ne peuvent soutenir la concurrence des carrières de la Tessonne.

Les *argiles vertes* et *jaunes* pour les potiers et les
briquetiers se rencontrent à chaque pas dans les
bassins de Feurs et de Roanne. On les utilise en
quelques points. Je citerai les poteries de Saint-
Georges-de-Baroilles, de Marcilly, de Montbrison,
de Saint-Paul-de-Vezelin, de Pradines, de Balbigny, de Feurs, etc. On fabrique aussi avec la
même terre, venant de Perreux, de Pouilly-lés-
Nonains, etc., de la fayence grossière à Roanne.
Les produits de la plupart de ces établissements
vont au feu et sont vernissés à l'alquifoux.

Les principales tuileries qui emploient des argiles tertiaires sont situées à Montbrison, Marcilly,
Marcoux, Poncins et Pommiers dans la plaine du
Forez; à Urbize et Fourchambœuf (sur la route
de Roanne à Paris) dans la plaine de Roanne.

Enfin, depuis quelques années on utilise les
argiles blanches réfractaires qui se montrent en
divers points de la plaine du Forez, particulièrement aux environs d'Amions et de Saint-Paul-de-
Vezelin. L'argile est cependant toujours un peu
ferrugineuse et entremêlée de grains quartzeux.
Dans un établissement fondé il y a quelques années près de Saint-Paul-de-Vezelin, on fabrique
des briques réfractaires, des carriches, des pote-

ries ordinaires et des grès. On transporte aussi ces argiles à Saint-Etienne et à Andrézieux, pour y alimenter les fabriques de briques réfractaires; mais, en général, les produits résistent moins bien au feu que les briques des terres du Teil ou de Bolène.

VI. TERRAINS MODERNES.

Les trois formations les plus modernes du département ne renferment que peu de matières utiles aux arts.

Les *basaltes* sont cependant fort recherchés pour l'empierrement des routes, à cause de leur dureté; ils pourraient servir de fondants dans certaines opérations métallurgiques.

Le *diluvium*, dans l'arrondissement de Saint-Etienne, fournit les terres à briques.

Les *alluvions* n'ont que le mérite de donner soit des *graviers*, soit des *terres de culture* très fertiles (les *chambons* des bords de la Loire).

Des *tourbes* se rencontrent enfin aux environs de Saint-Genest-Malifaux, dans les hautes vallées du canton de Noirétable, et en général sur tous les plateaux granitiques; mais le bas prix du bois dans ces localités les a fait complètement négliger jusqu'à présent. Je ne connais aucune localité où elles soient régulièrement exploitées.

Saint-Etienne, ce 25 mars 1847.

L. GRUNER.